漫画里的科学

化石的秘密

韩国赫尔曼黑塞科普读物编写会◎著

千太阳◎译

吉林科学技术出版社

吉林省版权局著作合同登记号：
图字 07-2021-0060

图书在版编目（CIP）数据

化石的秘密 / 韩国赫尔曼黑塞科普读物编委会著；
千太阳译. -- 长春：吉林科学技术出版社，2025.1.
（漫画里的科学）. -- ISBN 978-7-5744-1878-3

Ⅰ. Q911.2-49

中国国家版本馆CIP数据核字第2024PQ4703号

化石的秘密
HUASHI DE MIMI

著　韩国赫尔曼黑塞科普读物编委会
出 版 人　宛　霞
责 任 编 辑　郭 · 廓
封 面 设 计　书情文化
制　　版　书情文化
幅 面 尺 寸　167mm×235mm
开　　本　16
字　　数　150千字
印　　张　8
页　　数　128
版　　次　2025年1月第1版
印　　次　2025年1月第1次印刷

出　　版　吉林科学技术出版社
发　　行　吉林科学技术出版社
地　　址　长春市净月区福祉大路5788号出版大厦A座
邮　　编　130118
储运部电话　0431-86059116
编辑部电话　0431-81629520
印　　刷　长春百花彩印有限公司

书　　号　ISBN 978-7-5744-1878-3
定　　价　35.00元
版权所有　翻印必究

《融合结构图》

《化石的秘密》以化石为中心,连接科学、技术、生活、历史、社会等领域,培养孩子的创意性融合思考能力。

了解化石的种类和特征、意义等,积累与化石有关的科学知识。

科学

一边体验制作化石,一边在生活中了解化石。

生活

一起了解多种多样的化石

历史

了解可以通过化石学习的内容,结合地球的历史学习化石的相关知识。

技术

社会

了解放射性同位素测定法等研究化石的方法,结合技术学习化石的相关知识。

了解与化石相关的职业等,结合社会学习化石的相关知识。

目录 Contents

米露

一个好奇心很强的小男孩，喜欢恐龙和化石，就读于未来小学三年级。米露的悟性很高，学什么都能举一反三，但是喜欢和恐龙博士斗嘴。

妈妈
米露的妈妈，一个有礼貌且非常细心的人，知道很多关于恐龙的知识。虽然总是面带笑容，但心情不好时就会打扫走廊以示警告。

爸爸
米露的爸爸，一个善良、宽宏大量的人，偶尔会和妈妈进行"鸡皮疙瘩"演出。

领衔主演及友情客串

恐龙博士
恐龙博士是一只拥有三只角和四条壮硕的腿的三角龙，它主要负责告诉米露一家与恐龙和化石相关的知识。

化石是历史的声音

米露，干吗拿着脏兮兮的排骨啊？

排……排骨？

是啊，看来是狗狗藏的食物！

汪♥

啪

呃？

汪

什么，你以为是化石吗？嘿嘿，化石不可能具有这么完整的骨头形态。

嘿嘿

化石是古代生物埋在地下变成的坚硬物质。

嗒 嗒

呵

化石

化石(fossil)这个词源于拉丁文fossilia，意思是从地下挖出来的物品，从18世纪后半期开始专门用来指那些生活在地质时代的生物遗骸或痕迹。一个生物体能够变成化石并被保存下来，与生物体的内部结构和性质及被埋藏时的环境和之后的石化过程有很大关系。

▲ 菊石化石

也就是说，化石是古代生物痕迹之类的东西。

痕迹？

我们可以通过化石推测出地球上曾经生活着何种生物。

啊哈，就像恐龙！

真聪明，像我。

实体化石

实体化石是指古生物遗体部分或几乎全部被保存下来的化石，像暴龙头骨、牙齿、脊椎等都属于实体化石。

埃德蒙顿龙 ▶

这种雕刻在石头上的也是化石？

什么是遗迹化石呢？

那是遗迹化石。

遗迹化石不包括实体化石，不是恐龙骨骼或牙齿等，而是地质时代的生物留在沉积物表面或内部的生活痕迹，所以也叫"痕迹化石"。遗迹化石里有生物爬过的痕迹、挖洞的痕迹、走过的脚印等。其中在韩国高城郡发现的恐龙脚印的遗迹化石对揭示恐龙时代的奥秘有很大帮助，通过它我们可以知道1亿年前，恐龙是如何生活的。这一点单靠骨骼化石是无法得知的。

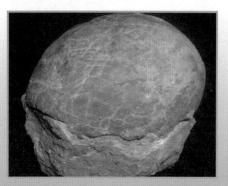

▲ 恐龙蛋化石

大家都认为化石像石头那么硬，但有些化石十分鲜活。

真的？

比如，在西伯利亚地下冰河中发现的猛犸象化石，保存得几乎和猛犸象生前一模一样。

这是哪儿？

猛犸象之所以能保存到现在，是因为冰起到了冰箱的作用，猛犸象才没有腐烂。

嘿

猛犸象化石

大部分化石都是石头的，但也有例外。在西伯利亚北部地区的冰河里发现的猛犸象化石，其中的猛犸象肉竟然鲜活到可以使狗误以为是食物的程度。

想知道化石是怎么形成的，我看实地考察才是最好的办法。

啥？实地考察？

哼

我看行！就这么定了！

呃，什么？

这时候，老婆大人最可怕！

当然是暑期度假的地方啦。

吧吧

吧吧

嘿嘿。

又……

那我去收拾行李！

等一下！

唰

哦？

哼！怎么能就这样去，事前当然要学习一下相关知识。

咳，假期结束之前还能去吗？

11

地质时代

地质时代的定义

我们把地球诞生至今46亿年间的历史时期称为地质时代，并根据与地壳变动有关的不整合面、化石骤变、火山活动、变性作用、造山运动等对其进行划分。

地质时代的划分依据

我们通常以地层产出的化石骤变或地壳变动为依据来划分地质时代。

（1）化石骤变：地质时代的划分主要以地层所包含的化石内容，特别是以多种生物突然灭绝或出现为依据。

（2）地壳变动：地质时代的划分还可以以大规模造山运动或地壳不整合为依据。

地质时代的划分单位

（1）宙（Eon）：划分地质时代的最大单位，也叫累代。

①隐生宙：生物化石稀少或不存在的寒武纪以前的地史阶段，相当于前寒武纪时期。

②显生宙：指看得见生物的年代，是开始出现大量较高等动物以来的阶段，包括古生

▲前寒武纪

代、中生代和新生代。

（2）代（Era）：以地质时代出现的4次大型的地壳不整合为依据，将地质时代划分为5代。将属于隐生宙的前寒武纪时期分为始生代与原生代，将属于显生宙的寒武纪时期分为古生代、中生

▲古生代

代、新生代。

（3）纪：将代分为更小的时间单位，称为纪。显生宙中的各代与原生代各被分为许多纪。

（4）世：将纪进一步细分的时间单位。

（5）地层单位：各地质时代所对应的地层称为地质系统。各代沉积的地层称为界，各纪沉积的地层称为系，各世沉积的地层称为统。

▲水母

地质时代的生物

地球上的生命是何时诞生或如何诞生的，至今仍然没有得出统一的结论。但科学家普遍以生命体从简单的单细胞生物经过演变进化为高等生命体的进化论来推测生命体的发展过程。

最早在海洋中出现的单细胞生物经过长时间的进化成为水母、海胆、贝类等无脊椎动物，并进一步进化成为鱼类等脊椎动物。

与此同时，陆地上出现了如硅藻类的单细胞植物后，又陆续出现了蕨类植物、裸子植物、被子植物等越来越复杂的植物。

陆地动物的历史开端于3.7亿年前，代表动物是具有发达的肺，鳍已进化为腿的两栖动物——鱼石螈。此后，陆地上先后出现了植物与动物一起生活的现象，并逐步发展为两栖类、爬行类、鸟类、哺乳类等多种动物共存的现象。

▲鱼石螈

化石生成的时代

哇，这凉风习习啊，还是现场学习最好啊！

我把存款都拿出来了，我要破产啦！

也是旅游！

那当然啦！

空空

看这地层我们就能知道地球的历史了。

民以食为天，咱们先把午饭解决了，然后再转转？

呃，又不听指挥！

赞！

站在这里看，能想到些什么呢？

呃，什么呢？

除了悬崖像三明治一样分了很多层，还有……

太好了！就是那个！

地球的历史与地层 ↘

要了解地球的历史，就要研究遗留在岩石或地层中的古生物化石。通过化石反映的信息，我们可以知道地球的历史。

也就是说，这一地层显示着地球的一个时代。

偷偷地

我们通过地层里的化石就能准确地知道地层是何时沉积起来的了。

吧唧吧唧

啊啊

我的三明治！

啊啊

在地质学的概念被确立之前，早期的地质学家认为，岩石的形成分为四个阶段。

地质学家将位于地下最深处的坚硬岩石称为第一纪，将地表的松软岩石称为第四纪。

地层的阶段

地层是由黏土、岩石等多种物质沉积而成的，所以地层会呈现出多种条纹，我们称这种条纹为地层。第一个根据地层包含的化石来了解地层形成顺序的学者是英国的史密斯。地层是从底层开始一层一层沉积起来的，而地层所包含的化石，其形成年代也因地层形成年代的不同而不同。

早期的地层阶段 ▶

第四纪：还未硬化的沉积物

第三纪：未充分硬化的沉积物

第二纪：比火成岩"年轻"的沉积岩

第一纪：年代最为久远的岩石——火成岩

此后，岩石的名称演变成这个样子。

第一纪：古生代——距今年代久远的生物生活的时代。
第二纪：中生代——距今中等年代久远的生物生活的时代。
第三纪、第四纪：新生代——现今的生物生活的时代。

还是老婆的厨艺最棒！

呜呜呜，我的三明治！

那你就把爸爸那份三明治吃了吧!

好嘞!

古生代以前的时代叫始生代和原生代。

唉

这两个时代也叫前寒武纪,即寒武纪之前的时代。

哈

早知道再忍一忍了!

地质时代的分类与化石

现在,世界通用的地质时代划分标准是20世纪初确立的,依据地层所包含的化石内容来划分地质时代。前寒武纪有叠层岩;古生代化石有三叶虫化石、腕足动物化石、笔石化石;中生代化石有恐龙化石、菊石化石、始祖鸟化石;新生代化石有蚌化石、树叶化石、鱼化石和人类化石等。

▲ 叠层岩化石

▲ 腕足动物化石

▲ 笔石化石

▲ 三叶虫化石

▲ 始祖鸟化石

▲ 菊石化石

▲ 恐龙化石

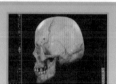

▲ 人类化石

▲ 鱼化石

▲ 树叶化石

▲ 蚌化石

前寒武纪	古生代	中生代	新生代
(46亿年前~5.4亿年前)	(5.4亿年前~2.5亿年前)	(2.5亿年前~0.65亿年前)	(0.65亿年前至今)

17

化石是如何形成的？

哇，这些小坑排成队了，是兔儿泉吗？

傻孩子，那是恐龙脚印的化石。

啊哈！

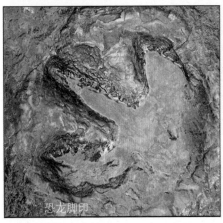

恐龙脚印

这些化石留有它们的生活痕迹，所以就叫遗迹化石。换句话说是什么呢？还记得吗？

吼

吼

记……记得，痕迹化石！

你比看起来聪明嘛！好，让我告诉你更多的化石知识吧。

呼

嘿嘿，这算什么啊……

嘿嘿

首先，你要知道包含化石的地层称为沉积岩。

沉积岩？是许多岩石沉到地下的意思吗？

沉积岩是江河底部、湖泊底部或大海底部堆积的东西硬化成岩石的意思。

令郎不是太聪明啊！

呵呵，这孩子像他爸，不像我……

小东西太没礼貌了！

你忍一下啦。

呃~

要生成这样的化石，需要死后尽快被埋起来才行。

是的，你说得对。

是不是有人给它们建坟啊？

拜托，你动动脑子，好不好？

化石生成的过程

化石随着地层的生成而生成，即化石是在河底或海底依靠沉积作用而生成的。现存的化石主要存在于沉积岩中，并且多数是生活在湖里或海里的生物化石。

①生物体死后沉入海底

②骨骼被沉积物掩埋

③生物体逐渐演变成矿物质，直至成为化石

④随着地壳的运动而暴露在地表外

当然啦！动物死后如果遗留在地表或水里的话，一定会腐烂或者被其他动物吃掉，就不可能成为化石了。

没错，动物死后只有在水里被沉积物掩埋才不会腐烂。

哦！的确如此。

动物死后要成为化石，需要其身体构造中有坚硬的部分。

成为化石的条件

↓

生物体死后被沉积物掩埋数万年，它们会在地下水、空气、细菌等作用下逐渐分解。肉体和皮肤等会逐渐腐烂直至消失，最终剩下的是外壳或骨骼等躯体中坚硬的部分。

菊石化石

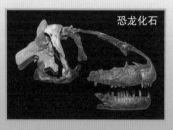

恐龙化石

各种沉积物（卵石、沙子、黏土）沉积在死后的生物体上后，还会进入生物体体内并将其生物矿物质化。

这种现象叫置换。

那是我的三明治……

这么说，只有像骨骼那样坚硬的部分或脚印之类的东西才能成为化石喽？

也不完全是这样，有些化石就完全保留着动物的肉体或昆虫柔软的翅膀。

想起来了，猛犸象！

呃，这不就是冰箱吗？

哇哦

汪汪

汪汪，是冻肉啊！

因为寒冷的气候而被保存数万年的化石也是存在的。

也有连昆虫翅膀都保存得很完美的化石。

啊？

那可能吗？

当然有可能。在琥珀里就有……

哗

哗

哗

哎哟哟

哇！昆虫被从树中流出来的液体困住了。

那些树汁经过数百万年的硬化，最后就变成名为"琥珀"的化石了。

我还以为琥珀是吃的东西呢。

我在这儿。

困在琥珀里的昆虫

昆虫在瞬间被抓住后就被永远保留了下来。

好美啊！

好神奇啊！

挖掘古老的历史

■考古学

通过研究人类的遗迹，我们可以推测出古代人类的生活方式。研究古代人类生活痕迹的这种科学称为考古学。

考古学通过挖掘和研究地下的古代遗物或遗迹，重新构建出我们所丢失的历史。

说到考古或挖掘，我们自然而然就会联想到探索宝藏，但考古的目的不仅是挖掘古代遗物。事实上，许多深埋地下的古代遗物经过漫长岁月的洗礼已经损坏且无法使用了。

考古现场挖掘出的古代遗物，大部分都是普通人认为毫无价值的陶瓷碎片、砖瓦碎片等。但对考古学来说，重要的并不是遗物本身，而是遗物所记载的历史。所以我们可以说对考古学有价值的古代遗物是将我们带回过去的时间机器。

■考古学的资料来源

·地表调查与挖掘调查

考古学的资料主要来自地表调查与挖掘调查。地表调查指的是对地表的所有遗迹、遗物进行详细的调查。地表调查一般在挖掘调查之前进行，用以决定是否进行挖掘调查。诸如寺庙、宫城、陵墓等有文献记录的遗迹，可以通过对文献记录的研究来进行挖掘，但没有任何文献记录的史前遗迹必须通过地表调查来确定要挖掘的地下是否存在遗迹。

地表调查的对象通常是史前时代至历史时代的人类生活遗迹。史前时代的遗迹有史前墓、房屋遗迹、坟墓、贝冢、洞窟。而历史时代的遗迹除了房屋遗迹、坟墓，还

▼支石墓

有山城、烽火台、战场、建筑遗址、石佛、石塔、佛塔、庙碑、石灯笼、神道碑、寺院等。

挖掘调查指的是通过挖掘的方式对地下的遗迹与遗物进行彻底的调查，并详细记录对考古学有意义的资料。所以，如果事先没有进行周密的调查而盲目挖掘，则有可能损坏埋藏在地下的宝贵遗产。

· 为考古学奉献一生的人

海因里希·施里曼(Heinrich Schliemann，1822—1890)，德国人，商人、考古学家。他发掘了特洛伊遗迹。

▼施里曼

▲特洛伊遗迹

施里曼出生在一个贫苦的牧师家庭。儿童时期，父亲的礼物——《忒勒玛科斯的冒险》一书让他感触颇深。施里曼坚信特洛伊的故事是真实的，并决心将来一定发掘出特洛伊遗迹。1864年，在俄罗斯经商的施里曼虽然成了富豪，但他没有忘记儿童时期的梦想，于是在1866年移居巴黎后便开始了对考古学的研究。

1868年，施里曼考察伊萨基岛和特洛伊，最终成功发掘了特洛伊遗迹。1876年，施里曼又发掘了古希腊历史学家荷马所描述的迈锡尼古城。此次发掘不仅挖掘出了许多惊人的宝物，而且为证明在希腊文明之前，文明是围绕着海来缔造的理论提供了依据，并对理解克里特文明、埃及文明、希腊文明三者之间的关系起到了重要作用。

包含化石的岩石

哼，脑袋笨得像石头。

咚

要想了解化石，首先要了解石头。

喔啊

我看看你是不是活的化石啊，这么硬！

啪

呃啊。

像地球的地壳，大部分是由岩石组成的。

而这些岩石是由天然矿物组成的。

矿物又是什么呢？

矿物

矿物是天然产出的，具有一定化学成分和内部结构的无机固体物质。矿物具有独特的结晶特征。现今所发现的矿物有2400余种。

▲ 闪长石的结晶

▲ 千枚岩的结晶

闪闪的，就像钻石一样。

长石 ►

粉红色的是长石，白色或灰色的是石英，黑色的是云母。

◄ 云母

石英 ►

像这种由巨大岩石构成的山也是会改变的。

风、沙子甚至纤弱的植物根系都可以使岩石破碎。

那么，我们是不是要在这些石头变化之前赶快发掘恐龙化石呢？

呵呵，这孩子还知道化石是在岩石里面的。

但是在这种坚硬的花岗岩里，大部分化石是不可能存在的。

哼，没意思。我还想拿暴龙的化石去向朋友们炫耀呢……

哼

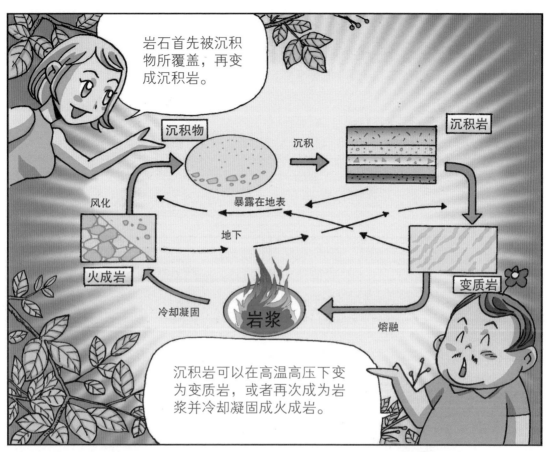

一层层碎渣堆积而成的沉积岩

嘿嘿嘿……

哈哈，好凉快！

哈哈哈！

偷偷地

哈哈，趁这个机会……

怎么这么漂亮？！

别只顾着胡闹，看看水里。

哐

哦

你看到什么了？

石······
石······
石子。

这些石子被科学家称为"碎屑物"。

什么物？

嘿嘿

简单地说就是碎渣。

河流停止流动或流动缓慢时，这些碎渣就会沉入河底。

而且这些碎渣里可能还有动物的尸体呢。

这些碎渣堆积、硬化，再一层一层堆起来，就成为沉积岩了。

天呐，一层一层堆起来需要多少年啊？那这些沉积岩的年龄是······？

沉积岩的种类有很多。

石灰岩

有由动物遗骸堆积而成的石灰岩。

石灰岩是由珊瑚、蚌壳或鱼等小动物的遗骸堆积而成的。

呜哇哇哇

也有由泥土、沙子、石子堆积而成的沉积岩。

沉积岩是按颗粒的大小来分类的。

他比我知道得还清楚啊？

沉积岩的分类

▲ 由砾石硬化而成的页岩

▲ 由沙子硬化而成的砂岩

▲ 由比沙子更细小的颗粒堆积而成的泥岩

哇哦，就像钻石一样闪闪发光啊！

钻石？在哪儿？

在哪儿？

唉，可怜的人类啊！

闪闪发光的不一定就是钻石。

只要一说钻石……

我们将沉积岩的层与层之间形成的纹理称为"层理"，层理是由于堆积物种类的不同而产生的。

层理

层理面

沉积物越重就越会沉到下层。

原来是这样啊！

堆积的沉积物因为有许多矿物

而彼此牢牢粘住的现象叫作"水泥效应"。

让我看看，我记得沉积岩还有其他种类啊……

翻来翻去

沉积岩的种类有很多，除了我刚才说的那些，还有……

我也知道！我也知道！

啊

特殊的沉积岩

这种石头也是沉积岩啊！

在地表存在的大部分岩石都属于沉积岩的范畴，由物质堆积并石化而成的岩石都属于沉积岩，而其中也有很多形成方式特别的沉积岩。

石膏
海岸的水分蒸发后，其中的石膏成分沉淀下来而形成的岩石，就是石膏。

凝灰岩
由风力搬运而来的火山灰堆积并石化而成的岩石，就是凝灰岩。

盐岩
海水或湖水蒸发后，残留的盐分石化而成的岩石，就是盐岩。

煤炭
曾经在地球上生长的植物体被埋入地下后，失去所有挥发性成分而变成碳素成分，就是煤炭。

沉积成沉积岩的物质是这样分类的。

沉积岩的分类

机械式沉积物
由于岩石破碎并堆积而成。
化学式沉积物
由碳酸钙或氯化钠成分堆积而成。
有机式沉积物
由生物的遗骸堆积而成。

不管怎么说，如果没有沉积岩，我们就不会知道地球上曾经存在恐龙。

完全正确！

啊，这么说……

沉积岩是夹着化石这种相片的相册哟！

呃，真是一对奇怪的父子。

竟然能做出如此生动的描述，真不愧是我的儿子。

呵呵。

哈

因火而生——火成岩

不管它有多热，时间久了它也会变冷的。

熔岩表面怎么形成了像壳一样的东西？

唰 唰

熔岩经过长时间的冷却，会逐渐变成坚硬的岩石。

从岩浆到火成岩

岩浆冷却后就会变成火成岩，而火成岩又分为深成岩与火山岩。在地下随着岩浆冷却而形成的岩石叫深成岩，由喷发的岩浆冷却而成的岩石叫火山岩。

熔岩

火山岩

深成岩

岩浆

组成火成岩的颗粒大小是由其冷却的速度决定的。玄武岩是岩浆喷发到地表时迅速冷却形成的，所以结晶颗粒较小；而花岗岩是岩浆在深层地下缓慢冷却形成的，所以结晶颗粒较大。

深成岩
深成岩是指岩浆在地下深处缓慢冷却形成的岩石。深成岩有花岗岩、闪长石、辉长岩等。

火山岩
火山岩是岩浆喷发到地表后，迅速冷却形成的岩石。火山岩有玄武岩、流纹岩、安山岩等。

当岩浆冷却并形成花岗岩时，岩石表面会形成裂隙。

我要沿着裂隙来一次攀岩……

不行！危险！

哇啊，山完全是黑色的，是不是发生过火山爆发啊？

被玄武岩覆盖的山

玄武岩一般是黑色的，而且颗粒非常小。

玄武岩冷却时会裂成六角柱状。

六角柱状

那又是什么呢？

那是柱状节理。

节理是指岩石裂开的缝隙，主要是由风化作用产生的。但是，柱状节理并不是由于风化作用而产生的，而是在岩浆冷却时自然产生的。喷发到地表的岩浆会随着冷却面流下并形成柱状节理。

花岗岩与玄武岩在形成环境与组成成分上有很大的不同。

就像我们?

当然!

对,就像我们,可以用眼睛分辨。

呵,确实有差别。

两个都可爱,不过还是我的儿子比……

呃

花岗岩的颜色偏亮,而玄武岩的颜色则偏暗。

哼,我妈妈肯定认为我更可爱……

宝贝

花岗岩是非常常见的岩石。

花岗岩

　　由地下深处的岩浆缓慢冷却而形成的花岗岩，因为含有较多的白色石英与粉红色长石成分，所以颜色比较亮。

花岗岩

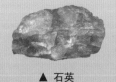

▲ 石英

▲ 长石

花岗岩的特点

外形	有块状的黑色颗粒物
颜色	亮色
颗粒大小	可以用肉眼分辨
触感	粗糙
硬度	比玄武岩坚硬

玄武岩

　　由喷发到地表的岩浆迅速冷却而形成的玄武岩因为含有暗色的橄榄石与灰石成分，所以颜色偏暗。

玄武岩

▲ 橄榄石

▲ 灰石

玄武岩的特点

外形	表面有许多大小不一的洞
颜色	黑色或灰色
颗粒大小	很小，不能用肉眼分辨
触感	粗糙
硬度	没有花岗岩坚硬

受到压力就会"变身"的变质岩

老妈，我饿了！

亲爱的，我的袜子在哪儿？

忍

忍

亲爱的！

哗~

这是什么，一股杀气？

忍不下去了！

喔喔

你这老头子，难道你看不见我在干什么吗？还有你，是不是认为妈妈有三头六臂啊？

完了，是红色警报！

吼！

她完全变了一个人啊，就像变质岩。

所以嘛，平时多注意！

变质岩？

变质岩

变质岩是在高温高压下由一种石头自然变质而成的另一种石头。质变可能是重结晶、纹理改变或颜色改变，这种岩石性质的改变又叫变质作用。

由碳酸钙组成的石灰岩在高温高压下会变质成为由纺锤状晶体组成的大理石。大理石的颜色与纹理很漂亮，故常被用作建筑材料或装饰材料。

▲ 石灰岩

▲ 大理石

什么！

怎么样！

呃！

妈妈的脾气完全变了。

变质作用分为两种不同的类型。

地壳的平均厚度是17000米。

17000米

而下沉到这种深度的岩石，会受到非常大的压力，并开始变质。

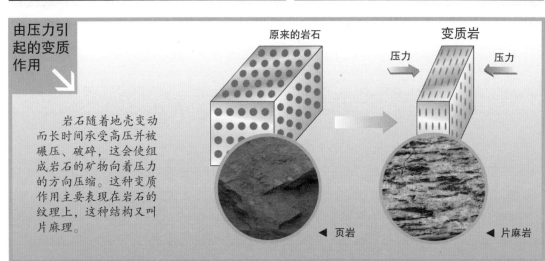

由压力引起的变质作用

岩石随着地壳变动而长时间承受高压并被碾压、破碎，这会使组成岩石的矿物向着压力的方向压缩。这种变质作用主要表现在岩石的纹理上，这种结构又叫片麻理。

原来的岩石

变质岩

压力　　压力

◀ 页岩

◀ 片麻岩

由压力引起的变质作用在喜马拉雅山脉或安第斯山脉非常常见。

还有一种是由高温引起的变质作用。

由高温引起的变质作用 ↓

地壳的脆弱部分侵入岩浆后，岩浆周围的岩石就会因高温而发生变质。在这种情况下，岩石不会完全熔融而后冷却，而是在固态下，岩石的组成成分与构造发生改变，形成了变质岩。

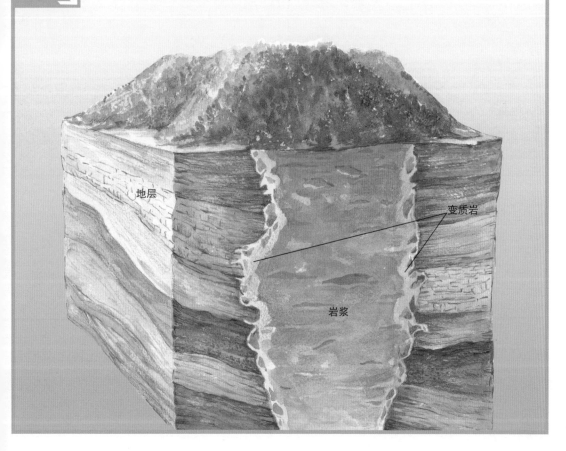

地层

变质岩

岩浆

妈妈也是，生气后冷静下来，就开始变了……

怎么变？

和我们大声吼完，妈妈会感到很内疚，所以就变得温柔啦。

吃点心啦！

嘿嘿，就像这样。

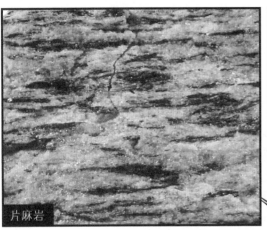

片麻岩

片麻岩是花岗岩受到压力以后形成的，其由暗色矿物和浅色矿物混杂而成，并有许多弯弯曲曲的纹理。

板岩是由不太大的压力产生的变质岩，板岩可以作为建筑材料和装饰材料。

异形

板岩

有许多险峻山脉的地区会形成有银色条纹的片岩。

片岩

呼呼。

太帅了!

扑腾

扑腾

由石灰岩变成的大理石含有许多矿物结晶。

大理石因其漂亮的颜色常被用于雕刻装饰品、墓碑等。

铛

老妈!我决定了,我要成为一个雕刻家!给我买材料吧。

噌

你?前两天说想成为科学家,刚给你买了实验器材,不记得啦?

哇,她又变成变质岩了!

哎呀!

47

地层历史的记录者——化石

天哪，有报道称又发现恐龙化石了。

哦，这次又是什么？

啊，人们为什么对化石这么感兴趣呢？

难道你不觉得神奇吗？

呼

因为化石能告诉我们很多知识。

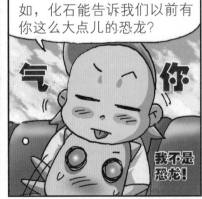

化石能告诉我们什么呢？比如，化石能告诉我们以前有你这么大点儿的恐龙？

气 你

我不是恐龙！

当然不只是这些。

我忍

嘿

化石能告诉我们很多事，首先我们可以由其推测地层和化石形成的年代。

救救我！

怎么才能知道地层和化石形成的年代呢？

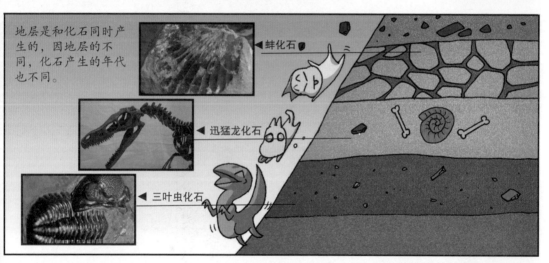

地层是和化石同时产生的，因地层的不同，化石产生的年代也不同。

◀ 蚌化石

◀ 迅猛龙化石

◀ 三叶虫化石

根据时代的不同，地球上生活的生物也不同。这个知道吧？

当然。

所以我们只要知道化石的形成年代，就可以知道地层是什么时候形成的了。

嗯，有点儿明白，又有点儿不明白。

乡村　　　城市

那好，给你们出道题吧，通过我手中的两幅图我们可以看出地层的顺序是一样的。

呀，提问！

而且，两处的地层里有相同种类的化石，通过这个我们可以知道什么呢？

我知道！

好，妈妈回答！

我们可以知道两处的地层是同一时代生成的。

满分！

呵呵。

我真棒！

我也参加，可以吗？

晕

呜呜

下一道题，这两处表示的都是陆地，为什么会有海洋生物化石呢？

我！

我！

好，这次爸爸快了一些。

那是因为两处在以前都是海洋。

满分！

这边来回答最后一道题，好吗？

我？

通过仔细观察，我们可以发现各个地层所包含的化石是不同的，因此我们可以知道什么呢？

怎么突然有这么吓人的表情？

哼，为什么我的问题最难？

那是不是说这些化石都是不同时代的啊？

那个那个

满分！

好，价值70分的回答。

不同种类、不同时代的化石包含在不同的地层中，所以我们可以通过化石了解地层形成的年代。

呃，是不是突然成了侦探……

呼

对，侦探！对化石的逐步了解和侦探调查案件是有很多相似之处的。

吸

是吗？

真的是呢。

为什么他俩那么兴奋呢？

呵呵

化石的价值

化石的价值在于，它可以告诉我们曾经在地球上生活的许多古生物的情况。同一种生物在较短的时间内一般是分布在特定地层内的，所以我们可以通过化石来了解地质时代。

只要发现化石，我们就可以知道化石与地层形成的年代。

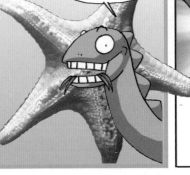

要知道化石与地层形成的年代，首先要了解以下内容。

第一，在平面地层中，越靠下的地层往往是时间越久的地层。

我是蛇，"蜿龙"

第二，

别抢我的饭碗

越下层的化石生成的时代越久远。

这不是一个意思嘛！

第三，即使地层的位置不一样，但如果从这些地层中发现了同一类化石，那它们就是形成于同一个时代的地层。

化石也会"说谎"？

化石可以说是一种可以告诉我们地球历史的"声音"，它可以告诉我们许多其他东西无法告知我们的地球历史。但是有一些人会听错这种"声音"或对这种"声音"进行有意图的曲解。有时会在某些地区发现一些完整得令人难以置信的古生物化石，但经调查发现竟然是某些人故意埋下的"玩具"。有关这一点，最有名的事件当数"约翰尼斯·贝林格事件"。

▲贝林格（左）

■贝林格医生的惊人发现

18世纪，贝林格是德国维尔茨堡最有名的学者之一。他身兼医科大学校长与市区主教的主治医师，本应该享受着富足的生活，然而他的命运在一次郊游中发生了转变，因为在这次日常的郊游中他偶然发现了惊人的化石。贝林格就自己发现的化石写了一本名为《维尔茨堡的石板化石》的书。

他所发现的化石种类繁多，各种化石形态凸出于扁石板，如同浮雕。而这些化石与一般化石最明显的不同就是各种动物的外形都被完美地呈现了出来。贝林格发现的壁虎化石具有完美的鳞片，而鸟化石甚至还保留着眼球。此外，在采蜜的蜜蜂、在交配的青蛙或吊在蜘蛛网上的蜘蛛都能通过化石辨别出来。除了这些，还有拖着尾巴的彗星、挥洒着月光的明月、人脸形态的太阳、希伯来文字等。通过化石看到这些东西，真是让人难以置信。

贝林格也清楚自己发现的化石与往常的化石有很大不同，但他坚信自己发现的化石是自然形成的。

而让人心痛的事实在1726年被揭穿——贝林格的书出版后不

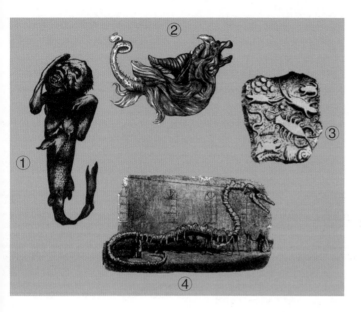

◀雕刻出的假化石
①1842年，巴纳姆做的假人鱼，由猩猩的头、猴子的牙齿、假眼睛、大马哈鱼尾连接而成。
②1613年，阿尔德罗万迪制造的假龙。
③1726年，罗德里克与埃克哈特制作的假化石。
④1845年，埃尔伯特·科赫将5个古代化石拼接成的长达114英尺的巨大爬行动物化石。

久，人们在贝林格发掘化石的现场发现了刻有贝林格名字的化石。由此得知，这些化石纯属某个人的恶作剧。诚然许多人从最初就不相信贝林格发现的是真正的化石，但对信心满满的贝林格来说，这无疑是一个让他绝望到窒息的恶作剧。而恶作剧的制造者竟是贝林格的大学同学、地理教授罗德里克与图书馆馆员埃克哈特。罗德里克是这场恶作剧的主导者，是他派人将自己亲手雕刻的化石埋在贝林格的化石发掘现场的。虽然这两个人最终得到了法律的制裁，但贝林格失去的信誉是不可能挽回了。

不过，凡事都有好的一面和坏的一面。虽然贝林格成了整个事件的牺牲者，但这个事件却让人们认识到了对化石进行科学定义的重要性，并促进了化石研究的发展。

可见，在科学研究中也会存在很多误区。但不管出于什么目的，将假的事实进行掩盖或传播都不是进行科学研究的正确态度。在日常生活中，勇于承认自己的错误是一种很重要的态度，更何况是在严肃的科学研究领域！

化石与煤炭、石油

咔！

车怎么突然停了？

完了，没油了。

亲爱的！早就和你说过要加油了啊！

啊。

怎么又……？

？

亲爱的。

唉

我真的受不了,崩溃了!

呼呼

嗨哟

我们为什么要这样推车啊?

油?

因为没有油了啊,笨蛋。

嗨哟

石油?

嗨哟

没有石油人们怎么生活呢?

总算是活过来了。

晕

晕

你们知道石油和煤炭都是从化石里来的吗?

对不起。

嗯？

我知道石油是从地下出来的，但是不知道煤炭是如何形成的，我连煤炭长什么样子都不知道。

嗯？

这种光滑的黑色石块就是煤炭。

煤炭

煤炭是经过多个步骤形成的。

首先，像树这样的植物会沉在水底，并被从陆地上流下来的泥土和沙子填埋。

只有恐龙能出来？

而上面会继续覆盖泥沙。

然后，沉到地下的植物在受到高温和高压的作用后，就形成了煤炭。

煤炭

要开采煤炭，就需要下到地下上百米。

矿工辛苦开采出的化石，被人类广泛地应用于生活的各个方面。

好累啊！

以前煤炭多用作燃料。

好暖和啊。

当时是这样……

但现在一般都用石油当燃料了。

喂喂，不要再提石油啦。

但我们现在不是在讨论化石燃料的问题吗？

那就没辙了。

化石燃料?

对，这是因为石油和煤炭都是从化石里出来的。

啊哈！

你知道石油都用在什么地方吗？

当然啦！发动汽车嘛！

石油生成的过程

小动物的尸体沉在海底。

大量的泥土和沙子覆盖在小动物尸体的上面。

地层经过长时间的堆积，底部会受到高压和高温的作用。

石油来自动物的尸体，因此石油多储藏在缝隙多的岩石里。

天然气

石油

水

化石燃料虽然给人类的生活带来很多便利，但它最大的缺点是污染空气。

所以，科学家正在努力研制污染较小的燃料。

哈，我也要研制新燃料！

梦想还真多啊！

化石生成的环境

我回来……
呜——

嘘！

妈妈在清扫走廊。

悄 悄

呃，你们怎么跟贼似的？

嘘！

嘘！

因为现在妈妈的心情很不好。

妈妈心情不好的时候就会清扫走廊，一声不吭地扫啊、擦啊……

呼啊啊啊

清扫等同于妈妈生气了。嘿嘿，就像指相化石和标准化石啊。

指相化石和标准化石？

酷啊

它们可以告诉我们地层的年龄和古生物的生存环境。

它又变成可怕的表情了。

用指相化石和标准化石与妈妈生气作比较是不是有点儿牵强？

63

什么是标准化石？

可用作确定地层地质年代或能为比较地层提供依据的古生物化石称为标准化石。好的标准化石需要具备以下条件：①时代分布短。②地理分布广泛。③特征显著。④个体数量多。

◀ 菊石化石
（中生代）

◀ 三叶虫化石
（古生代）

◀ 货币虫化石
（新生代第三纪）

◀ 腕足动物化石
（古生代）

没错，三叶虫生活的时代是古生代的寒武纪到二叠纪。

提问

儿子，假设在一个地层中发现了三叶虫化石，那么这个地层有多少岁呢？

刚才您不是说过是古生代吗?

呼——

要说年代啊。

当

哎呀!

5.4亿年前到2.5亿年前,是吗?

悄悄话

有点儿紧张啊

哗啦哗啦

嗯……没错。

呼,差点儿又挨打了。

哗啦哗啦

另外,指相化石能告诉我们古代生物生活的环境是怎样的。

嘶

咦?还能知道这个?化石可以让我们知道地层的"年纪"啊?

我是猴子脑袋吗?

那让我们听听恐龙博士是怎么说的!

好难

指相化石

生物的生长会受到温度、阳光、海水深度和盐度、气候以及含氧量的影响，即随着地域的不同，所生活的生物也是不同的。所以如果在某些地层中发现了在某种特定条件下才可以形成的生物化石，那我们就可以知道该地层当时所处的环境了。我们将这种能说明生物当时生活环境的化石称为指相化石。

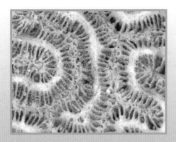

珊瑚化石
如果我们在陆地上发现珊瑚化石，那么就可以确定此处以前是浅海地区。

蕨类化石
有茎和叶，并在潮湿的阴暗环境中生长，对于我们了解古生代的环境有很重要的作用。

蚌类化石
蚌类化石可以告诉我们此地在古代是海洋或海滩地区。

猛犸象化石
猛犸象的皮下脂肪组织相当发达而且脂肪层非常厚，说明它当时生活的环境非常寒冷。

蕨菜是从古生代一直延续到现在的植物呢。

天哪，蕨菜竟然是这么古老的植物啊。

蕨菜只有在温暖和潮湿的环境中才能茁壮成长。

前进

向着潮湿和温暖的方向

所以，发现蕨类的地层，其所处的环境，气候非常温暖而且湿度相当高。

嗯，原来是这样。

让我们永远生活在这里吧！

好耶！

珊瑚也是一样，珊瑚是生活于环境温度在25℃以下的生物。

也就是说，形成珊瑚化石的年代，气候也是温暖的。

让开～

但是，只通过指相化石还不能知道古生代以前的环境啊！

有点儿兴奋了，唉！

古生代之前实在是太遥远了，我们很难知道当时生物所处的环境。

嗯，没错。我们也不能只通过妈妈的行为来判断妈妈的心情啊！

说什么呢？

对！对！

化石的发掘方法

所谓发掘是指将埋藏在地下的东西挖出的作业，即将埋藏在地下或水中的化石发掘出来并进行相关的研究。在采集和发掘化石之前要做好充分的准备，这是一个很特殊的过程。采集与发掘不同，它是小规模的作业，所以不需要大型装备，但事前还是需要做好周密的安排。

首先要有化石发掘地的地质图和地形图，以便在事前对该地区的地形和地质情况进行初步了解。在化石发掘的过程中首先用到的工具是锤子和凿子，并且根据岩石的不同，工

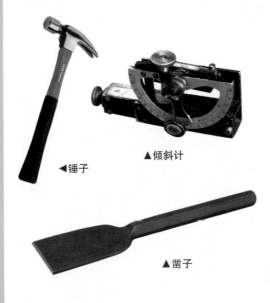

◀锤子

▲倾斜计

▲凿子

具的种类也不同。我们还要随身携带着倾斜计*、放大镜*（因为有些化石非常小，很难用肉眼分辨）。除此之外，安全帽、护目镜、标本袋、皮尺、相机、锯子、笔记本等也是非常必要的。

*倾斜计：用来测量地面倾斜程度的仪器。
*放大镜：有8倍、15倍、20倍放大倍数的小型放大镜。

第一步就是寻找化石。化石存在于沉积岩中，所以要寻找恐龙化石就要寻找中生代的沉积岩层。探索的目的是发掘新的恐龙化石并为了进一步的研究将其带到实验室，所以要保证化石的绝对安全。用挖掘机将包含化石的岩层挖开后，要使用小刀和柔软的毛刷处理我们需要的化石。为了运输化石，需要将包含化石的岩石切割后用石膏进行包裹。分离出的标本多数使用卡车运输到实验室，但在交通工具不便通行的地区可能还会用到骆驼、骡子甚至大象等。在运输作业之前，我们要对发现化石的位置进行记录，这是我们以后对恐龙化石进行研究的重要资料。

回到实验室后，我们就要去除化石外面的岩石部分。化石在

▲恐龙化石发掘现场

笔大小的空气粉碎机，将化石周围的岩石小心去除。这种去除化石周围岩石的方法并不会损伤化石，但需要具有相当大的耐心并集中注意力。在进行精密作业时，还会用到牙科使用的钻头或针。

而当化石部分暴露出来时，就要喷上PVA①以增强化石的硬度。但是恐龙骨一般不是光滑且直的，在其表面有许多孔洞、缝隙、凸起，且弯曲处很多，这些特点使工作更加复杂。在显微镜下工作一周，竟然连一块骨头也没有处理好的情况时有发生。要将巨大的恐龙骨完全处理好，花费数年的时间是很正常的。

① PVA：聚乙烯醇，是把聚乙酸乙烯醋溶于甲醇溶液，用少量氢氧化钠(NaOH)作为接触剂通过醇解反应制成。

形成的过程中，由于压力的影响，有可能已经破碎，所以在去除岩石时，要特别注意不要丢失化石碎片。首先要将化石外层的岩石用锤子、凿子或钻石刀等工具慢慢地剥离，最大限度地靠近化石区。

如果岩石是石灰岩，可以将整块岩石放在不会腐蚀化石的酸性溶液中，使其外层石灰岩自行溶解，这种方法尤其对分离细小的化石最有用。如果岩石非常坚硬或不溶于酸，则可使用压缩空气驱动的空气粉碎机。使用铅

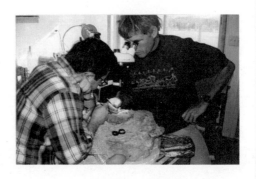

▲化石处理现场

远古时期的海洋生物

哇！好舒服啊！

人类真是奇怪，既然没有死又为什么要把自己埋起来呢？

哇！是三叶虫化石！

哪儿，哪儿？

唬

唬

嘿嘿，开玩笑的……

&%$

好冷

抖抖

怎么突然这么冷?

还开玩笑呢?你知道三叶虫是什么时候的化石吗?

呃,又来考我吗?

今天我们就来了解一下现在以化石形态存在的远古时期的海洋生物,好吗?

好啊,同意!

哈,原来不知道答案啊!

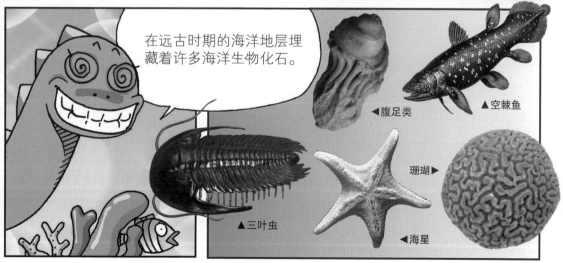

在远古时期的海洋地层埋藏着许多海洋生物化石。

◀腹足类

▲空棘鱼

珊瑚▶

▲三叶虫

◀海星

珊瑚化石

好多人认为珊瑚是植物，实际上珊瑚是刺胞动物。因为珊瑚的骨骼为坚硬的石灰岩，所以正好可以以化石的形态保留下来。形成珊瑚礁的珊瑚一般生活在温暖的浅海中，所以可以推断发现珊瑚化石的地方在远古时期是温暖的浅海地区。

真神奇！海星没有骨骼，竟然也能成为化石保存下来。

海星虽然没有骨骼，但会被海底的页岩掩埋，因此会成为化石。

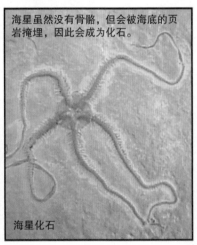

海星化石

呃，这个家伙长得好奇怪啊！

空棘鱼化石

哇，好大的家伙！什么时候我才能钓到这么大的鱼啊！

是啊，可是怎么才能钓到已经变成化石的鱼呢？

嘿嘿。

噗，没气了。

它也不是不能抓的。

空棘鱼是生活在古生代泥盆纪到中生代白垩纪的海洋生物。

哎哟，我活得太久了。

我本以为5000万年前它就灭绝了。

怎么了？

可是有人发现了和化石一模一样的空棘鱼。

所以空棘鱼又叫活化石啦。

哈!

哇！奇迹啊！

也包括我……

什么啊？

虽然现在遗留下来的化石很多，但永远消失的生物也不少。

这就是三叶虫！

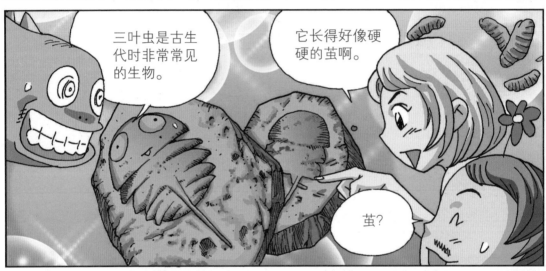

三叶虫是古生代时非常常见的生物。

它长得好像硬硬的茧啊。

茧？

两边有好多刺啊。

那是尾巴，尾巴！

哎哟

刺

曾经有1万余种三叶虫在海底爬行或在水中游泳。

之所以有很多三叶虫化石，主要是因为三叶虫是可以蜕皮的生物。

脱衣服啦

蜕皮？

就像蛇一样，把旧的皮脱掉。

虽然三叶虫化石很多，但是身体全部变成化石的不多见。

我也要变成化石！

软.软.

哗啦哗啦

你摆出那奇怪的姿势是在干什么啊？

软.

软.

嘿嘿，我是您的儿子身上蜕下来的皮。

呵呵，好可爱啊。

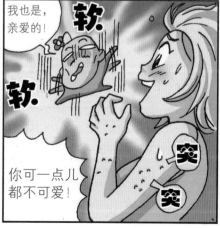

软.

软.

我也是，亲爱的！

你可一点儿都不可爱！

突

突

中生代的主人——恐龙

宝贝，过得怎么样啊？

好开心啊，妈妈。

恐龙和人一样都很爱自己的孩子。

哎哟哟

事实上，人类在发现恐龙化石之前，并不知道世界上存在过恐龙呢。

当然啦！恐龙生活的时代还没有人类呢。

是啊，恐龙化石可以说是消失的恐龙的照片了。

暴龙化石

人类都是通过化石来了解我们恐龙的。

恐龙化石的发现

恐龙化石第一次被发现是在1200年前。第一个发现恐龙化石的学者认为恐龙是大型的蜥蜴，所以将其命名为"鬣蜥的牙齿"（Iguanodon）。

遗憾啊，恐龙化石应该是由我来发现的……你知不知道你们祖先的坟墓在哪里啊？

如果是你，你会告诉别人吗？

笨蛋！

啦啦啦

在发掘出恐龙化石后，工作人员将每个骨骼碎片一片一片地拼接起来，以最大限度地恢复恐龙的原貌。

恐龙复原作业

工作人员将恐龙骨骼拼接好后，根据骨骼结构给它填上皮肉，以此来猜测恐龙的模样。

有意思。

如果我们对已发现的所有恐龙化石进行仔细的研究，就会知道很多关于恐龙的知识。

化石可以告诉我们 ↓

相信大家都会喜欢恐龙。

　　恐龙大约出现于2.5亿年前，并在随后的1.6亿年间统治着地球，直到6500万年前灭绝。人类的出现约在700万年前，所以恐龙和人类是完全不同时代的生物。现在，我们只有通过恐龙留下的痕迹或化石来了解恐龙的样貌和恐龙当时的生活状态等信息。我们可以通过恐龙骨化石、恐龙蛋化石、恐龙脚印化石、皮肤化石等遗迹来重现消失的恐龙。

▲恐龙蛋化石

▲中生代（别名：恐龙时代）

▲恐龙脚印化石

嘿

我们的确统治了地球1.6亿年，但是我不明白人类为什么那么喜欢我们。

你得意什么啊！

不过我的朋友的确非常喜欢恐龙。

人类喜欢恐龙，可能是因为恐龙确实是非常强大的动物吧。

酷

哗

嗯，确实也有这种可能！

在这里我才是老大，小不点！

我想主要原因应该是我们现在已经看不到恐龙了，所以它们才那么受欢迎。

哎！你们真的认为是陨石撞到地球才导致恐龙灭绝的吗？

生气

呃啊，真想踹他一脚！

化石的复原

处理好化石后，首先要做的事情是确认各个化石碎片是哪个部分的骨骼。一只恐龙的骨头在一个地方全部被发现的事情是很罕见的。

动物的尸体或被其他动物撕扯，或经河流搬运，或经过数百万年岩石的挤压，通常会发生移动或破坏，所以要在许多碎片已丢失和破碎的情况下进行复原。

最先被复原的是最有特点的头骨和牙齿。因为恐龙具有独特的头骨，所以哪怕通过小的头骨碎片也可以分辨出与其他恐龙的不同。牙齿可以告诉我们恐龙的食性，脊椎可以用来区分不同的亚种，对确认是何种恐龙有很大的用处。

▲发掘出的恐龙骨骼碎片

接下来是对各个骨骼进行详细的记录、画图和拍照。自19世纪以来，人们一直用钢笔和墨水对化石进行画图。近年来，开发出了用激光观测的方法。照片是能留下精确资料的很好的方法，而为了更真实地反映骨骼的情况，工作人员经常进行三维拍摄。伴随着记录作业，将恐龙骨骼组合归位的作业也会一起使用。如果运气够好，用一半左右的完整骨骼就可以复原全貌了。因为可以从拼接出的骨骼形态推测出整个骨骼的样子。

例如，我们可以根据右侧肋骨的结构去推测左侧肋骨的样子，并做出模型来进行拼装。如果右腿有三个脚趾，而左腿仅存的一个脚趾恰好是右腿所没有，我们也可以根据这些特征模拟出两只完整的脚。但是如果我们发掘的骨骼太少，就只能参考发现恐龙化石时骨骼的摆放状态，或者比较与其最为相近的恐龙来进行复原了。如果发掘现场的记录出错，就有可能将两只动物的骨骼混装，所以现场记录是极其重要的。

▲复原的恐龙化石

把所有骨骼都拼装归位后，下一步要进行的就是复原肌肉的作业了。当然，肌肉无法以化石的形式保存下来。而且，肌肉的构造非常复杂，像咀嚼食物这种简单的动作也常常需要许多块肌肉相互协调来完成，所以为了了解恐龙复杂的肌肉构造，最简单的方法就是参照现存动物的肌肉构造。由此看来，了解现存动物的相关知识，对一个恐龙学家来说也是很有必要的。

通过这样一一解决复原作业中遇到的各种难题，然后准确无误地完成复原工作，我们基本可以清晰地看出恐龙的大小、形态和基本轮廓了。

而现在要进行的就是理论性的工作，即想象恐龙生前的模样和动作，并根据想象制作模型。成功地完成恐龙的肌肉复原工作之后，我们就可以参照现有的爬行动物或为数不多的恐龙皮肤化石来进行恐龙皮肤的复原工作了。但是，恐龙的准确外形、肤色等，所以需要恐龙学家和制作模型的专家进行讨论后再做决定。

▲复原的恐龙

植物化石

哎哟，恐龙灭绝又不是我的错。

谁叫你揭我们的伤疤呢。

今天我们就来了解一下植物化石。

哼

不满吗？

生气！

不，不是！老大！

呵呵，小孩子真是！

气氛突然不好了。

现在的小孩子真厉害。

植物化石常见于有薄煤层的岩层中。

植物化石（银杏）

是不是在煤层中可以经常看到蕨类化石啊？

对，没错。

怎么和我儿子这么不一样呢！

植物化石

植物的叶、花、果实等都可以成为化石。虽然数量不是很多，但对推测当时的环境有很大帮助。

▲被子植物化石

▲蕨类植物化石

▲裸子植物化石（银杏树叶）

成为岩石的树木化石

虽然还是树的样子，但这棵树已经被二氧化硅取代了。

哇，树木直接变成化石了啊。

85

仔细看这两幅图，有什么发现吗？

蕨菜还是那个蕨菜啊。

▲蕨类化石　　▲现在的蕨类

嘿

过去的蕨类和现在的蕨菜长得一模一样啊。

没错！蕨类从亿万年前到现在，模样都没有变过。蕨菜好好吃啊！

蕨菜很好吃！

吱

既没有像恐龙那样消失，也没有像其他生物那样进化成别的样子，而是继续保持着原来的样貌。

天哪，真的是这样啊。

嗓

哼

汪

我们把这种植物叫作活化石植物，就是指化石中的植物直到现在还存在。

哎哟，我的腰啊，是不是要下雨啦？

敲敲

我是一只鲤鱼。

就像活着的化石鱼——空棘鱼？

嗯，对。

看来没白给你讲。

活化石植物

活化石植物有蕨类、马尾草、银杏、水杉等。

▲水杉

▲马尾草

那这个家伙是不是得叫活化石恐龙啊？

……

啊啊，恐龙不发威，你把我当病猫，是不是？！

呃啊！

救命啊

如何寻找化石?

啊！我受不了了！

滚去

滚来

突然

呃啊！我受不了了！

又怎么啦？

我一定要亲自找到化石！

我还以为是什么呢……我们不是正在学习化石知识吗？

边做家务边……

还请来了这么好的老师。

哼！

切，嗓子眼儿卡到东西了吧？

再说到现在，我们已经看到了很多化石。

不，我要亲自找到化石。

吭哧

好吧，等到晚上爸爸回来以后，我们再商量一下。

1小时后……

那个，既然你是恐龙博士，要不要我们两个去找化石啊？

不行！

小气！不是说好不再说你是活化石恐龙的事情了吗？走吧，嗯？

扑嗒 扑嗒

89

寻找化石的道路并不平坦，还是和大人一起去比较好。

危机四伏

为什么？

只要发现化石，采集化石的任务就由我自己负责了。

扑嗒

扑嗒

你只要告诉我化石在哪里就行了！

快招！

咕噜

你们两个要去哪里？

啊

啊

那个……我要去发掘恐龙化石。

什么？你知道化石在哪里吗？就这样冒冒失失地去，你知道有多么危险吗？

那是哪里啊?

发现化石的地方

化石长时间埋藏在地下深处,不要说发现化石,就是要知道化石在哪里都是非常难的事情。因为化石只存在于沉积岩中,如果我们想找到化石,就要先找到古生代、中生代以及新生代堆积而成的地层。化石常常在悬崖的断面或采石场被发现,这有可能是滑坡或地震等地壳运动使深埋在土层里的化石暴露出来的原因。

▲ 菊石化石

呜呜呜

采石场是开采大石头的地方吧?

呃

咣

咣

知道了。

唉
唉
唉

不只是那些，万一你们在去找化石的路上受伤、遇到危险怎么办？

叽里

呱啦

我知道了！

咳咳

嗯嗯，知道就好！

话说回来，你为什么要去找化石啊？

当然是因为钱！不是！化石不是非常特别、非常重要的东西吗！

那好，那你说化石重要在哪里呢？

嗯啊嗯啊

虽然他是我儿子……唉

这么会儿工夫就忘干净了？

嘿嘿

那个……

化石可以作为寻找石油的标记，而且还可以告诉我们曾经存在过哪些生物！

嗯，看来还不是太笨。

没错，因为化石可以告诉我们过去发生了什么，所以它是非常重要的。

还有，化石所在的地层可以告诉我们地球的历史。

这个你都知道，还不错呦。那我们一起去寻找化石，怎么样？

好呀！

等一下！还没结束！

还有什么啊？

开启寻找化石之旅

这次又是什么？

怎么能说走就走呢！当然要准备一下啦，准备！

关于化石的知识不是已经学习过了吗？

那是关于化石的知识，又不是关于寻找化石的知识。

真复杂啊，复杂。

是啊，你说得没错。那要做什么准备呢？

首先！

首先！

首先我们要决定去哪里啊!

呵呵,对啊,还没决定去哪里呢!

决定好目的地后,就要对当地的岩石数量和探索过程要花费多少时间等问题做一次仔细的调查。

呃,又要学习,又要调查……真烦!

晕头 转向

是吗?那我们取消?

花钱又多

绝对……不能那样!

然后要做什么呢?

要准备必需物品啊。

呀啊啊

首先要有锤子!

晕

锤子?钉钉子的锤子?

要寻找化石，锤子是必备的工具。最好带一个称手的小锤子。

知道了，还有什么？

沙沙
沙沙

然后是放大镜！利用它，我们可以仔细地观察岩石。

还有，一定要记得带皮尺，因为需要准确地测量化石或岩层。

好，皮尺待命！那来试试皮尺准不准！

你干什么啊？

唰 唰

你会后悔的，嘿嘿！

我来看看老妈是不是减肥成功了！

你最好做好你自己的事！

啪

呜呜，好厉害！

笨蛋。

化石的记录

发现化石时，及时、准确地记录当时的情况是非常重要的。化石是以怎样的形态保存的、周边的地层是什么状态、每个部位的骨头分别发现了多少块……这些都会成为日后化石复原的重要资料，所以必须仔细地记录清楚。

一个也不能少！

观察笔记啊。

头痛

之后就是相机了。知道为什么一定要带相机吗？

当然啦，要将我发现化石时英俊的样子拍下来并发表在报纸上，不带怎么能行呢！

少臭美了，相机是用来给化石拍照的。

在给化石拍照的时候，最好在化石旁边放一个可以作为大小参照的东西。

哦，我说怎么化石照片上总有硬币和锤子出现呢。

是啊，我还真没有想到这个。

壹圆

97

然后是急救箱！

急救箱！幸好昨天在药店买了一个。

急救箱

让我想想，还有没有落下的……

哼~

出远门当然要准备好换洗的衣物、袜子什么的。

喂，你不去准备你的东西，在这儿干什么呢？

我正在准备啊。

天啊，穿短裤不行，我们换长裤吧。

扑嗒

哎哟

我很热啊！

扑嗒

干什么呢？

听妈妈的话，穿短裤的话在峡谷里或悬崖上是不安全的，可能会被草、树枝刮伤。

韩国也有化石吗？

哐当
哐当

哇！世界是多么美好，空气是多么清新！

这孩子，至于那么高兴吗！

那是当然啦！

嘿，恐龙博士，韩国比较多的化石有哪些啊？

ZZZ

晕，竟然睡着了。

儿子，别担心，不是还有老爸吗？！

哼

老爸做过相关调查。

呼噜 呼噜~

老爸还真是喜欢调查啊。

朝鲜半岛是一块很古老的土地。

哐当

哐当

从30亿年前的前寒武纪开始，几乎所有时代的地层我们都有。

也有化石吗？

我们几乎拥有所有时代的地层。

当然也包括所有时代的化石啦。

亲爱的，这样下去你是不是要成为化石博士了啊？

妈妈，大话说得也太早了吧。

晕 没睡醒

地质时代的地层分类

地层的年龄	代	纪	地层
6500万年前	新生代	第四纪	冲击层
		第三纪	
2.5亿年前	中生代	白垩纪	庆尚垒层群
		侏罗纪	大同垒层群
		三叠纪	
	古生代	二叠纪	平安垒层群 （石灰岩、砂岩、页岩）
		石炭纪	
		泥盆纪	大缺层
		志留纪	
		奥陶纪	朝鲜垒层群 （石灰岩、页岩）
5.4亿年前		寒武纪	

韩国的地层

　　韩国古生代的地层分布在江原道和平安南道。古生代的地层底部叫作朝鲜垒层群，上部叫作平安垒层群，其中平安垒层群的特点是上面分布着一层煤炭。在朝鲜垒层群发现有三叶虫化石和腕足动物化石，平安垒层群则有很多古生代后期的植物化石。中生代地层分布在江原道的部分地区和庆尚道的大部分区域。在这些地区广泛地分布着植物化石、蚌类化石、鸟类脚印化石、恐龙骨骼化石和恐龙脚印化石。中生代的地层底部叫作大同垒层群，而上部叫作庆尚垒层群，庆尚垒层群的恐龙化石非常有名。在高城郡、海南郡等地区发现了很多恐龙脚印化石，并发现了一部分恐龙骨骼化石。

▲发现于高城郡的恐龙脚印化石

呃，弄成这样的表格，我更头疼了。

晕晕

"代"是什么，"纪"又是什么？

呵呵，不要把它想得太难。它只是将地球以年龄为依据进行排序，并给各个时代起了一个名字而已。

哎呀，这么说吧，表里的"代"就像我们平时所说的"70后""80后""90后"，是以一个比较大的范围来划分的。

嗯，我11岁，那你多少岁啊？

嘎

我？3岁。

嘎

3岁？什么啊，还是小孩子嘛！

呵呵！像二叠纪、石炭纪这样的"纪"可以理解为按1岁、2岁来区别年龄一样。

才知道啊？

嘿

103

哦，那你生活的时代是侏罗纪，没错吧？

真不明白他一直把我想成了什么？

喳

喳

也可以这么说。

而侏罗纪又属于中生代。

聪明！

啪

啪

嘿

嘿

啊

哈

哈，那代表中生代的化石应该就是恐龙化石喽。

嗯，说代表还有点儿牵强……中生代还有好多其他种类的软体动物、鱼类、植物等化石。

那古生代呢？

在古生代的地层比较常见的化石有三叶虫化石、腕足动物化石、笔石化石、蕨类植物化石等。

哦～啊

早期的观点认为，韩国没有古生代的泥盆纪和志留纪的地层，但最近在江原道发现了志留纪的地层。

累啊～

朝鲜有泥盆纪的地层。

朝鲜？

晕

哎哟，我的脑袋快炸了。

太激动人心了！

干吗呢？

哦！

真是没办法。

泥盆纪

泥盆纪与志留纪

　　从生物进化的角度来说，古生代中期的泥盆纪非常重要。在这一时期繁衍了许多可以作为标志化石的无脊椎动物，并且开始出现了作为标准化石的菊石。志留纪和泥盆纪在地层上经常会有不整合性，这是地壳变动的结果，而陆地和山脉的形成就是基于这种地壳运动。

▲无脊椎动物化石

▲菊石化石

世界上最古老的化石（1）

怎么样？很香吧！

当然！

好吃 好吃

吱 吱

嗯，勉强能吃得下去。

啊……

嘻 嘻 嘻 嘻

怎么了，亲爱的？是不是想起以前的事情啦？

以前？什么时候？

呜 呜

哎，我们结婚之前不也经常雨天时在帐篷里烤肉饼吃吗？

浙沥沥

呵呵，还是那时候好啊。

嘿嘿，当然是那时候好啦！

呵 呵

啊！我的化石！

吓死了！

啊～ 啊

最古老的化石

最古老的生物化石是在澳大利亚西部的瓦拉伍纳群(Warrawoona Gr.)中与叠层岩(stromatolite)一起发现的原始细胞化石。它们与现有的蓝藻（产氧的浮游植物）具有相似的结构。裹着原始细胞化石的岩石，其年龄被推测为35亿年。

在南非巴伯顿(Barberton)附近发现的Fig Tree Series有32亿年的历史，在其中发现了细菌和蓝藻的化石。根据这些化石，我们可以推测在地球形成的早期，地球上就已经出现了生命体。而初期的生物大部分是诸如细菌和蓝藻之类的低等生物。目前地球上最古老的化石发现于格陵兰岛的岩石中，并且在该化石中也发现了含碳化合物，距今约有40亿年的历史。虽然还没有确定它们是否为生物，但如果可以判定它们是生物，那么地球上最早出现的生物就可以追溯到40亿年前，也就是地球形成的最初期。

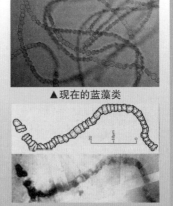

▲现在的蓝藻类

▲瓦拉伍纳群中的化石

35亿年啊，是不是很让人惊讶啊？可以说是地球上最古老的生命体了。

像细菌、浮游生物这样的生物竟然能以化石的形态留存下来，真是神奇啊。

是啊……细菌用肉眼是难以分辨的。

没有能吃的吗？

那么动物化石有多古老呢？

啊，是12亿年前的化石。

是在美国大峡谷发现的单细胞动物化石。

35亿年和12亿年都太遥远了，我没有概念啊。

现在，在地球上想找到30亿年前的化石几乎是不可能的。

但人们陆续地发掘出更加古老的化石。

哗啦啦

所以经过一段时间后，能找到40亿年前的化石也说不定。

都下雨了，我也进去吧！

呃，眼神变了。

就是这样，世界上最古老的化石要由我来发现！

哇呜！

雨啊！快停啊！

哗啦啦

他要是学习的时候也这么努力该多好……

灰溜溜

怎么突然转移话题了？

110

咦，那些化石在哪儿啊？

当然可以找到啦，因为有些化石虽然被发现了，但还未进行测量。

那些化石可能是更加古老的化石。

一起吃吧。

好香啊！

咝咝

呃，你这不是在给我泼冷水吗？！

吁 吁

小伙子，要振作啊！

嗯？

地球的年龄是46亿年，所以是不是也应该会有比40亿年还古老的化石呢？

哇！

化石，等我！我来了！

真单纯啊。

哟~ 哟

世界上最古老的化石（2）

嗯，一层一层堆起来的是沉积岩吧？

那是沉积岩啊。

我真是个天才。

就你？

在韩国最古老的化石是什么呢？

这个就由爸爸来告诉你吧。

我学习了一下。

在韩国，最古老的化石是前寒武纪时期地层中的叠层岩。

Strike?

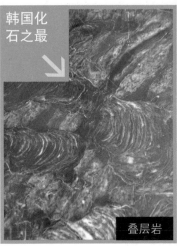

韩国化石之最

叠层岩

不是Strike，是叠层岩(Stromatolite)。

Strimoke……
Strimator

叠层……管它呢，那是什么啊？

呃，我忍。

好难，难道我是猴脑子吗？

叠层岩是在蓝藻的作用下产生的化石，大约有10亿年的历史。

又是蓝藻?

10亿年前的生物是不是都是蓝藻啊？

Lucy?

是的，Lucy！

韩国还有叫这个名字的人？

朴Lucy？

呵呵，Lucy是生活在320万年前的人类。

Lucy是女人吗？

没错，是女人。

啪

早期人类化石——Lucy →

　　"一个女人漫步在320万年前的非洲草原上。身高120厘米，体重30千克，脑袋比棒球大一点儿，她就是人类的祖先。"这是唐纳德·约翰逊的《最早的人类——Lucy》一书中的第一句话。

　　1974年，离婚后的约翰逊为了忘却离婚带来的痛苦，更加积极地投入化石的研究与探索中，最终他"收获"了这件改变了他一生的礼物。在至今发现的化石中，这是最为完整的化石，该化石保留了全部骨骼的40%。约翰逊为了庆祝这一发现，当晚在帐篷里播放了一首名为 *Lucy in the Sky with Diamonds* 的歌曲，随后将化石命名为"Lucy"。

▲唐纳德·约翰逊与Lucy

这个化石的学名是阿法南方古猿。

而发现这个化石的学者为她起了"Lucy"这个名字。

那么为什么叫Lucy呢?

这源于当时最为流行的一首歌曲的名字。

是不是很浪漫啊,老婆?

那我也要给化石命名,叫什么好呢?

兰花,海兰,艳红?

那是不是要先找到化石才行啊?

由脚印化石所知道的

又是脚印。

哇，很像树叶的样子啊。

一个，两个，三个，四个……

咚

咚

咚

这些是什么东西，又要去向哪里呢？

你问脚印啊，它会告诉你的。

脚底板

问啊

你让我问脚印？开玩笑呢？

那我们问问脚印？

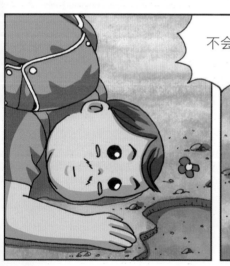

不会吧？

就是这样问啊，你也问一下嘛。

嘿！你是谁啊？现身吧！

咣

他是不是傻啊……

唉

唉

那你问出什么来了吗？

嘿嘿

呃

没有，它好像不想回答，什么都没说。

呃……

呃……

首先，仔细看这些脚印，通过脚印，我们可以知道这个恐龙的脚趾是三个，它用两只脚走路。

三个？

用两只脚走路是没错，但脚趾是四个啊。

这个脚印显示只有三个脚趾啊。

虽然我也看不到脚趾。

因为第四个脚趾是贴在脚后面的。

老爸！我明白了，它们是以左脚，右脚，左脚，右脚的顺序向前走的。

啪 啪

呃

左脚，右脚。

啊 啊

对啊。左脚，右脚……

你要更加仔细地观察脚印。脚印从左到右叫宽，从前到后叫长。

从左脚外侧到右脚外侧的距离叫步宽。

步宽

宽

长

从右（左）脚印前到下一个右（左）脚印前的距离叫步幅。

步幅

秀一下腿

从左（右）脚后跟到右（左）脚后跟之间的距离叫步。

右脚！

左脚！

步

对脚印进行准确测量并记录。

就可以知道恐龙的运动习性。

啊哈，原来是这样。

要记录，记录。

沙沙

开启寻找化石之旅（2）

■京畿道莲川郡全谷里遗迹

被汉滩江围绕着的莲川郡全谷里遗迹位于海拔40～50米的地区，并在1978年至2001年，前后进行了11次发掘。

1978年4月，当时的驻韩美军格雷格夫妇在汉滩江附近的峡谷中偶然发现了4件石器，并在学界发表了报告。这些石器与欧洲和非洲的阿舍利(Acheulian)石器非常相像，是拳形斧与薄片斧。而这种石器首次在东亚地区被发现，学界对此次发现非常重视。

这一带有被称作"全谷玄武岩"的从铁原—平江地区流下来的玄武岩。下部玄武岩有60万年的历史，上部的则有30万年的历史。

但是关于发现旧石器时代遗物地区的地层年代则有很多解释。

沉积层的下层由牛角湖沉淀下的湖沼性沉积物或由江河沉淀下的沙子组成，在这上面覆盖着黄色或赤色的黏土。考虑到玄武岩因节理现象快速被侵蚀，推测可能是在更新世中期的20万年前后形成的。

另外，虽然还未得到证实，但也有学者利用发热荧光法对沉积物进行了测量，测量结果为4.5万年；还有一种说法是，现在所见到的地形的形成原因是在更新世时期，玄武岩上部受到了急剧的侵蚀。

在玄武岩地带上有3～8米的沉积物，可能是汉滩江流过时形成的，而就在这层沉积物里发现了石器。石器是在全谷玄武岩上的沉积层中被发现的。

至今采集到的石器总数有4000

0   5厘米

▲ 石器

多件，而在地表上的石器也有很多。制作石器的原料大部分都是石英岩和硅岩，也有一些是玄武岩和片麻岩，这些材料基本来自河底。

最具特点的是阿舍利拳形斧、平面尖头形拳头斧、椭圆形拳形斧、一面被雕琢的拳形斧、横刃斧、尖头钳等。此外还发现了钳、小型针等，还有大量的石屑。

石器大部分采用直接打击法和间接打击法制成，并且在形成基本形状后很少进行第二次加工。就算进行了第二次加工，也只是稍微做了一些打磨处理，所以形成了东亚早期旧石器的一般样式——不定型样式。

在全谷里发现的阿舍利化石是首次在东亚发现的阿舍利化石，这一发现形成了把世界早期的旧石器时代分为欧洲、非洲的阿舍利文化和东亚地区的石斧文化的学说。

全谷里先史遗迹不仅可以揭示旧石器时代人们的生活风貌，而且对韩国乃至东亚地区的旧石器文化研究有着相当重要的价值。

▲ 全谷里先史遗迹

制作化石

化石1号

大家都准备好制作化石了吗？

橡皮泥　颜料　蚌壳

水杯　石膏粉

又不是做饭

真是的，直接去找化石不就行了，做什么化石啊！

亲手制作化石，可以使你更加清楚地知道化石是怎样形成的。

制作化石会很有意思的，相信我。

沙沙

好。

先将橡皮泥和好，做一个圆圆、扁扁、平平的盘。

橡皮泥

圆圆的。

然后将蚌壳的花纹朝下，在橡皮泥上印出花纹来。

哇啊

再将石膏粉用水冲好后倒在橡皮泥上面。

石膏粉凝固得很快，所以要快些倒。

妈妈好兴奋啊！

石膏变硬后就把石膏从橡皮泥里拿出来。

看这里。

哇

有意思。

嘿 嘿

我们用颜料给化石化妆吧。

怎么样？好看吗？

好看！

红心

星星

波浪

亲自动手做化石很不错哟，那接下来和爸爸一起做一做埋藏着化石的地层吧。

好嘞！

好，爸爸准备了彩色橡皮泥。

蹦 蹦

将彩色橡皮泥揉搓成几张圆圆的、扁扁的圆盘。

然后在上面放上蚌壳等东西。

在蚌壳上面再盖两层橡皮泥。

最上面两层不要放东西！像这样试着向"地层"的两端施压。

地层的两端受到压力就会变成这个样子。

好，我们再来试试把上面的部分小心地切下来，本来藏在里面的化石是不是就会露出来啊？

怎么样，现在应该知道地层和化石是如何形成的了吧？

是的！

这样学习化石知识也很有意思嘛。

哦！大功告成！

漫画里的科学

在本书中，我们已经学习了一些基本方法去研究、探索化石，大家可能在科学观察、记录、绘画、书写方面都有了很多收获。但是大家想过吗，我们为什么要进行这些科学探究呢？科学探究是人类探索和了解自然，获得科学知识的重要方法。我们通过各种方法寻找证据，运用创造性思维和逻辑推理解决问题，并通过评价与交流等方式与他人达成共识。科学探究并不要求我们像科学家一样，去解决什么人类未解的难题，而是让我们能在探究的过程中，通过科学的角度去了解和认识世界，培养科学态度，增加对科学的兴趣。最后，你会发现，即使是一点点的思维改变，都能让眼前的世界大有不同。

科学家必须在庞杂的经验事实中抓住某些可用精密公式来表示的普遍特征，由此探求自然界的普遍原理。

——爱因斯坦

现在你对本书是什么评价呢？